Bibliografische Information der Deutschen Nationalbibliothek:

Die Deutsche Bibliothek verzeichnet diese Publikation in der Deutschen Nationalbibliografie; detaillierte bibliografische Daten sind im Internet über http://dnb.d-nb.de/ abrufbar.

Impressum:

Druck und Bindung: Books on Demand GmbH, Norderstedt Germany
ISBN: 978-3-668-03365-8

Dieses Buch bei GRIN:

http://www.grin.com/de/e-book/305293/muenster-kreative-stadt-der-zukunft-eine-modularisierte-exkursion

Kai Kramer

„Münster – Kreative Stadt der Zukunft?" Eine modularisierte Exkursion für den Erdkundegrundkurs der Jahrgangsstufe 12

GRIN Verlag

Studienseminar Siegen

Seminar für das Lehramt an Gymnasien und Gesamtschulen

Thema:

„Münster – Kreative Stadt der Zukunft?“ Ein modularisiertes, exkursionsdidaktisches Konzept zur Stadtgeographie von Münster, exemplarisch entwickelt mit einem Erdkundegrundkurs der Jahrgangsstufe 12 des Fürst-Johann-Moritz-Gymnasiums Siegen

Schriftliche Hausarbeit gemäß § 33 OVP für das Lehramt an Gymnasien und Gesamtschulen im Rahmen der Zweiten Staatsprüfung

Vorgelegt beim Studienseminar für Lehrämter an Schulen -
Seminar für das Lehramt an Gymnasien und Gesamtschulen
Augärtenstraße 15, 57074 Siegen

Fachseminar: Erdkunde

Vorgelegt von: Kai Kramer

Abgabetermin: 12.12.2008

Inhaltsverzeichnis

1 Einleitung

Die vorliegende Arbeit verfolgt das Ziel, ein vom Verfasser entwickeltes und durchgeführtes Unterrichtsvorhaben als problemorientierten Handlungsentwurf für die Schulpraxis in der Sekundarstufe II darzustellen und zu begründen. Erkenntnisleitender Ansatz ist es, ein in sich eigenständiges und zugleich erweiterbares modularisiertes Exkursionskonzept exemplarisch für die Jahrgangsstufe 12 gemeinsam mit den Schülerinnen und Schülern zu entwickeln, welches sich im Schulleben des Fürst-Johann-Moritz-Gymnasiums in Siegen als außerschulische Lernveranstaltung etablieren soll und als Basis dafür dienen kann, von Fachkollegen in den kommenden Jahren durchgeführt und erweitert zu werden.

Zunächst wird der Begriff der „Exkursion" auch dahingehend erörtert, wie dieser mit der Unterrichtspraxis in der gymnasialen Oberstufe in Einklang zu bringen ist. Anschließend werden die Konzeption und die Hintergründe des Unterrichtsvorhabens behandelt, indem unter anderem auf Besonderheiten der Ausbildungsschule und die spezifische Klassensituation eingegangen wird. Des Weiteren werden die Strukturierung der Unterrichtsreihe und didaktisch-methodische Spezifika besprochen. Hier sind neben den Aspekten der Stadtgeographie auch die Grundlagen der Exkursionsdidaktik sowie die Methodenvielfalt zur Bearbeitung außerschulischer Lernorte zu nennen. Im Anschluss daran wird die Umsetzung des Unterrichtsvorhabens behandelt. Hier stehen zunächst die beiden für die Realisierung der Unterrichtsreihe elementaren Lehrerfunktionen „Organisieren" und „Unterrichten", aber auch die Lehrerfunktionen „Erziehen" und „Innovieren" im Vordergrund. Im nächsten Schritt wird der Verlauf der Exkursion beschrieben. Der nächste Gliederungspunkt bezieht sich auf die Evaluation des Vorhabens. Hier stehen neben den Evaluationskriterien und der Lernzielrealisation aufgetretene Problemstellungen und damit verbundene Verbesserungsmöglichkeiten im Focus. Abschließend wird das Unterrichtsvorhaben nochmals im Ganzen kritisch reflektiert und es erfolgt ein Ausblick bezüglich der möglichen Generalisierbarkeit in anderen unterrichtlichen Kontexten.

2 Grundlagen und Definitionen

An dieser Stelle sollen zum besseren Verständnis der Arbeit, aber auch zum besseren Verständnis der Beweggründe der Themenwahl einige grundlegende Aspekte geklärt werden. Hierzu zählt zunächst eine Definition des Begriffes „Exkursion“, da dieser Begriff in vielen verschiedenen Facetten benutzt und mitunter auch falsch interpretiert wird. Auf dieser Definition aufbauend soll die Problemstellung kurz erläutert werden, die sich für den Kontext Schule ergibt.
Danach wird auf die theoretischen Grundlagen eingegangen, welche dem Projekt zugrunde liegen und die Wahl des Theoriemodells wird durch den in den Richtlinien verankerten Bildungsauftrag der gymnasialen Oberstufe begründet.

2.1 Exkursion

Wenn man über modernen Erdkundeunterricht spricht, dann kommt man in der heutigen Zeit kaum noch an dem Begriff „Exkursion“ vorbei. Die Exkursion (lat. „excurrere“ = herauslaufen) wird in der Literatur in den verschiedensten Bedeutungszusammenhängen beschrieben. So findet man neben dem häufig verwendeten Begriff „Außerschulischer Lernort“ noch Begriffe wie „Projektarbeit“, „Geländegang“ und „Geländeunterricht“, „Lehrwanderung“ und „originale Begegnung“. Gerade im schulischen Bereich spricht man auch von einem „Wandertag“ bzw. von einer „Klassenfahrt“.

> *„Wenn wir also den Schülern wahres und zuverlässiges Wissen von den Dingen einpflanzen wollen, so müssen wir alles durch eigene Anschauung und sinnliche Demonstration lehren.“*

Dieses Zitat könnte den aktuellen Forschungen zu schülerorientierten Exkursionen entnommen sein. Es entstammt jedoch dem Werk „Didacta Magna“ aus dem Jahre 1657. Johann Amos Comenius (1592-1670), der Verfasser der „Didacta magna“, forderte die Naturbegegnung und den direkten Umgang mit den Dingen, also den Lehrgegenständen.
Diese Forderung war lange Zeit, zumindest in der Schulpraxis, weitgehend in Vergessenheit geraten und erst mit den neuen Ansätzen zur Exkursionsdidaktik

aus den 80er-Jahren des letzten Jahrhunderts erhielten die Vorgaben der „Didacta magna“ neue Aktualität.

Rinschede greift die Forderungen Comenius’ auf und definiert eine Exkursion folgendermaßen:

„Die Exkursion ist eine methodische Großform mit dem Ziel der realen Begegnung mit der räumlichen Wirklichkeit außerhalb des Klassenzimmers.“ (Rinschede 2003, S. 250).

Nach Brameier (1985) ist eine Schülerexkursion:

- Eine zeitlich begrenzte Organisationsform des Unterrichts,
- bei der nach gründlicher Vorbereitung
- der Gegenstand der (wissenschaftlichen) Betrachtung original im Gelände
- durch Schüler im Kontakt mit dem beratenden Lehrer zielgerichtet,
- selbsttätig und
- weitgehend selbstständig
- zumeist in Kleingruppen
- mithilfe wissenschaftlicher Methoden (und Zusatzmedien) untersucht wird.

Bestärkt werden diese Definitionen durch verschiedene Studien, die herausgestellt haben, dass ein Mensch

- ca. 20% von dem behält, was er hört,
- ca. 30% von dem behält, was er sieht,
- ca. 50% von dem behält, was er hört und sieht,
- ca. 70 % von dem behält, was er durch gemeinsames Lernen, Kooperation und eigenes Handeln erfahren hat,
- ca. 90% von dem behält, wo er bei Auswahl und Inhalt des Sachverhaltes mit entschieden hat.

Diesen Studien folgend sind Exkursionen ein möglicher Ansatzpunkt, den Lerneffekt zu vergrößern. Die gewonnen Erkenntnisse bildeten auch die Grundlage für Hemmers Modell der Zielsetzungen einer Schülerexkursion, das dieser Arbeit zugrunde liegt und in Kapitel 2.2 näher erläutert wird.

2.2 Theoretische Grundlagen

Die Studien über Lernerfolge berücksichtigend und den Defiziten für den Lernerfolg bei Wandertagen oder auf Klassenfahrten Rechnung tragend (siehe Kapitel 2.3), haben sich neue exkursionsdidaktische Theorien entwickelt. Sie zeigen, wie moderne, schülerorientierte Exkursionen durchzuführen sind. Alle diese Theorien zu erwähnen, ist in dieser Arbeit nicht zu leisten. Über eines sind sich jedoch die meisten Ansätze einig: Exkursionen haben einen hohen Wert für Schülerinnen und Schüler wie auch für Lehrerinnen und Lehrer, wenn sie richtig durchgeführt werden.

Ich möchte mich in der Konzeption des Unterrichtsprojektes am exkursionsdidaktischen Modell von Michael Hemmer (Hemmer / Uphues 2008) orientieren. Hemmer differenziert in seinem Modell nach acht didaktischen Leitprinzipien einer Exkursion, den bei einer Exkursion erforderlichen und durch sie geförderten vier Kernkompetenzen aufseiten der Schülerinnen und Schüler sowie den Zielen einer Exkursion (siehe Abbildung).

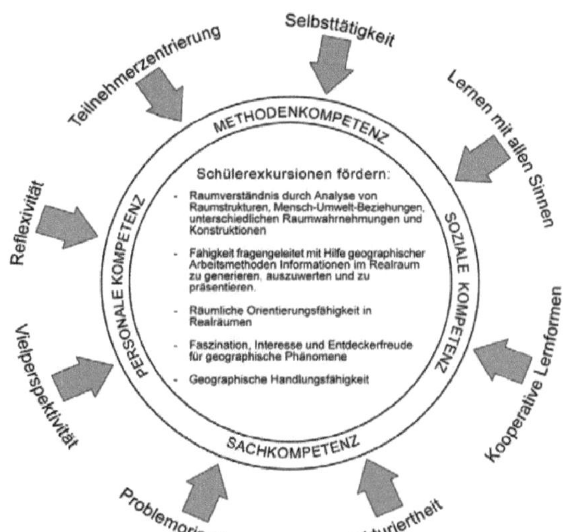

Schülerexkursionen im Geographieunterricht:
Ziele, Kompetenzen und didaktische Leitprinzipien
(aus: Hemmer / Uphues 2008)

Vier dieser Leitprinzipien, die von Hemmer in einer früheren Studie als zentral für Schülerexkursionen im Geographieunterricht definiert wurden (Hemmer / Uphues 2006), sollen im Kontext der mit diesem Projekt verbundenen Schülerexkursion als besonders relevant im Mittelpunkt stehen:

- Die Selbsttätigkeit der Schüler
- Ein ganzheitliches Lernen mit allen Sinnen
- Eine Teilnehmerorientierung und –integration
- Die Favorisierung kooperativer Lernformen.

Alle Punkte von Hemmers Modell lassen sich auch mit der Wissenschaftspropädeutik für die gymnasiale Oberstufe in Einklang bringen.
Die Schülerinnen und Schüler erlangen ein Grundlagenwissen und werden zum selbstständigen Lernen und Arbeiten angeregt. Auch Reflexionsfähigkeit und Urteilsbildung sind wichtige Bestandteile bei der Nachbereitung einer Exkursion. Dass grundlegende Einstellungen und Verhaltensweisen für wissenschaftliches Arbeiten gefördert werden, versteht sich von selbst, da gerade Exkursionen wissenschaftliches Arbeiten erlebbar machen. Auch die in der gymnasialen Oberstufe geforderte persönliche Entfaltung, innerhalb der den Schülerinnen und Schülern die Möglichkeit gegeben werden soll, ihre Fähigkeiten zu entdecken und vor allem zu erproben, wird in Exkursionen hinreichend gewährleistet.
Auf Grundlage dieser theoretischen Hintergründe wurde auch dieses Projekt entwickelt.

2.3 Problemstellungen in der Praxis

Es ist in der Praxis zu beobachten, dass die dargestellten theoretischen Ansätze oftmals eine nur unzureichende Umsetzung finden. In den Richtlinien für Schulwanderungen des Landes NRW ist im ersten Paragraphen zu lesen:

> *„Schulwanderungen und Schulfahrten [...] sind Bestandteile der Bildungs- und Erziehungsarbeit der Schulen. Sie müssen einen deutlichen Bezug zum Unterricht haben, programmatisch aus dem Schulleben erwachsen und im Unterricht vor- und nachbereitet werden."*

Die Realität sieht an vielen Schulen jedoch anders aus. Wandertage liegen oftmals kurz vor den Sommerferien, wodurch eine Nachbereitung so gut wie unmöglich ist. Auch die Ziele von Wandertagen sind häufig nicht aus dem Unterrichtsinhalt erwachsen, sondern stellen eher ein Freizeitangebot im Klassenverband dar. Sicherlich dient ein solcher Wandertag auch der Stärkung der sozialen Kompetenz der Schüler untereinander und der Förderung des Klassenzusammenhalts, insgesamt ist der Bezug zu den Richtlinien hier aber nur noch marginal vorhanden. Hinzu kommt, dass Wandertage in den meisten Fällen nur sporadisch vorbereitet werden und eine Sicherung der Lernergebnisse in den seltensten Fällen stattfindet.

Erst in den letzten Jahren ist vermehrt, aber noch nicht durchgängig die Tendenz zu beobachten, dass Wandertage bzw. Exkursionen nicht nur schülerorientierter werden, sondern sich auch stärker an den Richtlinien orientieren. Auch werden Wandertage zunehmend unter dem Begriff der „Exkursion“ durchgeführt.

3 Problemstellung im Kontext der Schule

3.1 Das Fürst-Johann-Moritz-Gymnasium in Siegen

Das Fürst-Johann-Moritz-Gymnasium ist mit ca. 1.100 Schülerinnen und Schülern das größte Gymnasium in Siegen. Das Fach Erdkunde wird in der Sekundarstufe I in den Jahrgangsstufen 5, 7 und 9 unterrichtet und in der Sekundarstufe II als Kurswahlmöglichkeit angeboten. Im schuleigenen Curriculum stehen keine näheren Erläuterungen, in welcher Weise außerschulischer Erdkundeunterricht durchgeführt werden soll.

Das Unterrichtsvorhaben findet in einem Erdkundegrundkurs der Jahrgangsstufe 12 statt. Der Kurs setzt sich aus 14 Schülerinnen und Schülern zusammen. Da ich viele der Kursteilnehmer schon im Rahmen meines Ausbildungsunterrichtes in der Jahrgangsstufe 11 unterrichtet hatte, fiel mir die Auswahl für diesen Kurs leicht, da die Lernmotivation als hoch einzustufen ist.

Laut Schulprogramm des Fürst-Johann-Moritz-Gymnasiums sind fachspezifische, schülerorientierte Exkursionen vorgesehen. Differenzierte Aussagen zur Durchführung fehlen jedoch.

Folgende Exkursionen sind grundsätzlich vorgesehen:

- Stadtgeographie vor Ort
- Besuch von Biobauernhöfen in der näheren Umgebung
- Exkursion in die Ville (Braunkohleabbau und Rekultivierung).

Wie die Inhalte solcher Exkursionen erarbeitet und gesichert werden, ist nicht definiert. Anleitungen zu einer didaktisch-methodischen Durchführung von Exkursionen für das Fach Erdkunde sind nicht vorhanden.
An diesem Punkt will diese Arbeit ansetzen und didaktisch-methodische Wege für Exkursionen aufzeigen. Darüber hinaus soll diese Arbeit auch eine Basis für weitere Exkursionsmodule sein, sodass in den folgenden Jahren ein Fundus an Exkursionsmodulen für die Stadtgeographie entstehen kann.

3.2 Begründung der Themenwahl

Schon während des Studiums war die Exkursionsdidaktik für mich ein interessantes Aufgabenfeld. Ich besuchte immer wieder Seminare, die sich mit diesem Thema beschäftigten. Dieses hatte mehrere Gründe:
Zum einen boten diese Seminare eine für meinen Berufswunsch Lehrer fachnahe und schulnahe Ausbildung. Andere Seminare an der Universität konnten dieses nicht in vergleichbarer Form bieten, da dort vorwiegend auf wissenschaftlich-theoretischer Ebene gearbeitet wurde und eben keine schulisch-didaktische Unterrichtsvorbereitung stattfand. Somit waren Lerninteresse und damit auch Lernerfolg bei exkursionsdidaktischen Veranstaltungen größer als bei anderen.

Dieses Interesse an Exkursionen, im Besonderen an Schülerexkursionen, trug ich dann auch über mein Studium hinaus mit in das Referendariat am Fürst-Johann-Moritz-Gymnasium Siegen. Ich musste jedoch schnell feststellen, dass es die Form der Schülerexkursionen, die in der Universität als modern und schülerorientiert vermittelt wurden, in der Unterrichtspraxis nur vereinzelt gibt. Ungeachtet der Empfehlungen in den Richtlinien für Schulwanderungen verlaufen viele Exkursionen bzw. Wandertage nach dem gleichen veralteten Schema ab. Es wurden und werden zwar immer wieder Fahrten zu außerschulischen Standorten unternommen, jedoch sind diese in fast allen Fällen vom Lehrer oder Ausrichter organisierte Fahrten. Diese Fahrten stellen an den Schüler in den meisten Fällen keine besonderen Anforderungen, außer vielleicht der, pünktlich zur Abfahrt anwesend zu sein.

Dass nun gerade Münster das Ziel der Exkursion sein soll, hat rein pragmatische Gründe, auf die ich später nochmals genauer eingehen möchte (siehe 4.2.3).

3.3 Lehrerfunktionen

Dem Konzept der vom Verfasser entwickelten und durchgeführten Schülerexkursion zur Stadtgeographie von Münster liegen verschiedene Lehrerfunktionen zugrunde.

3.3.1 Unterrichten

Zunächst hat der Lehrer bzw. die Lehrerin in diesem Fall die Funktion des Unterrichtens. Es werden bei dieser Schülerexkursion grundlegende Kenntnisse der Stadtgeographie und der Exkursionsdidaktik vermittelt. Darüber hinaus werden den Schülerinnen und Schülern Fähigkeiten, Fertigkeiten und Methoden adressatengerecht nahe gebracht, mit denen sie lernen, Aufgabenstellungen und -inhalte didaktisch-methodisch zu differenzieren und zu reflektieren. So werden bei dieser Schülerexkursion nicht nur Inhalte der Stadtgeographie thematisiert, sondern darüber hinaus werden diese direkt am konkreten Beispiel von Münster erarbeitet, gesichert und reflektiert. Dieses bietet wiederum die Möglichkeit, das Erlernte in Transferleistung auf andere Städte zu übertragen. Eine weitere Aufgabe des Lehrers unter der Lehrerfunktion „Unterrichten“ besteht darin, dass er nicht so sehr die Rolle des „Belehrenden“ ausfüllt, sondern vielmehr der „Fokussierende“ ist. Denn wie die Erkenntnistheorie und auch die Lernpsychologie gezeigt haben, „ist das (selbständige) Entdecken neuartiger Phänomene nicht möglich, ohne dass bereits ein bestimmtes Vorwissen vorhanden ist“ (Birkenhauer 1995, S. 12). Dieses bedeutet: „Man ‚sieht’ nur das, wovon man bereits eine gewisse Ahnung hat.“ (Birkenhauer 1995, S. 12). Unter diesen Bedingungen ist es also unerlässlich, dass der Lehrer nicht nur an den Standorten fokussierend eingreift, sondern auch von vornherein eine Wissensbasis zur Thematik „Stadtgeographie“ vermittelt.

3.3.2 Organisieren

Die Lehrerfunktion „Organisieren" spiegelt sich zum einen in der Planung und Entwicklung des Konzeptes wider und zum anderen in der Organisation des Exkursionstages selbst. Man kann also zwischen einem theoretischen und einem praktischen Organisationsbereich unterscheiden. Mit der Organisation des Projektes trägt der Lehrer bzw. die Lehrerin aktiv zur Mitgestaltung von Schule bei.

Hierbei ist anzumerken, dass die Exkursion größtenteils durch die Schülerinnen und Schüler selbstständig und selbsttätig gestaltet werden soll. Hier ist es wichtig, gerade innerhalb der Lehrerfunktion „Organisieren" zu differenzieren. Natürlich obliegt die Organisation und Verantwortung dem Lehrer bzw. der Lehrerin, jedoch sollten durchaus auch organisatorische Aufgaben den Schülerinnen und Schülern übertragen werden.

3.3.3 Erziehen

Wenn man den letzten Abschnitt zugrunde legt, überschneidet sich an dieser Stelle die Lehrerfunktion „Organisieren" mit der Lehrerfunktion „Erziehen", innerhalb der die Schülerinnen und Schüler in ihrer Entwicklung zu einer mündigen und sozial verantwortlichen Persönlichkeit gefördert werden. Eben durch die besonderen Aufgabenstellungen in Organisation und Eigenverantwortlichkeit wird gerade die Handlungskompetenz des einzelnen Schülers bzw. der Schülerin besonders gefördert. Auch Werte können mit dieser Exkursion vermittelt werden, da etwa die ökologische Ausrichtung der Stadt Münster einen Ansatzpunkt für Wertevermittlung in Bezug auf Umweltschutz und ökologisches Bewusstsein bietet.

3.3.4 Innovieren

In Bezug auf das Fürst-Johann-Moritz-Gymnasium lässt sich darüber hinaus noch die Lehrerfunktion „Innovieren" in diesem Konzept erkennen. Das Konzept soll den Grundstein legen für den Ausbau von Schülerexkursionen im Fach Erdkunde am Fürst-Johann-Moritz-Gymnasium. Kollegen haben somit die Möglichkeit, auch weit über meine Referendarstätigkeit hinaus diese Arbeit und die sich daraus ergebenden Erkenntnisse als Ausgangspunkt für eine Schülerexkursion heranzuziehen. Da ich im Rahmen dieser Arbeit das Konzept jedoch nur exemplarisch durchführen kann, könnte zudem eine Weiterentwicklung stattfinden, indem Kolleginnen und Kollegen in Zusammenarbeit mit Schülerinnen und Schülern immer neue Exkursionsmodule hinzufügen bzw. die vorhandenen Module aktualisieren. So würden diese fachlichen und unterrichtsorganisatorischen Hilfestellungen im kollegialen Austausch stetig erweitert.

4 Entwicklung des Konzeptes unter Berücksichtigung pädagogischer und didaktischer Überlegungen

4.1 Pädagogische Überlegungen unter Einbezug der Richtlinien und Lehrpläne des Landes NRW

Dem Ruf nach außerschulischen Lernorten und dem damit verbundenen Lernen vor Ort folgen immer mehr Didaktiker. Es gibt eine Vielzahl an Theorien, wie sich die Arbeit an solchen außerschulischen Lernorten und auf Exkursionen gestalten soll. Die Exkursion wird als wichtiger Bestandteil des Unterrichts angesehen. Leider sind an vielen Schulen die Lehrpläne so überfrachtet, dass kaum noch Zeit bleibt, um mit den Schülerinnen und Schülern gemeinsam eine Exkursion zu planen und durchzuführen.

4.1.1 Richtlinien für Exkursionen in NRW

In den Richtlinien des Landes NRW wird die Exkursion folgendermaßen beschrieben (Ministerium für Schule und Weiterbildung, Wissenschaft und Forschung des Landes Nordrhein-Westfalen 1999, S. 30):

> *„Das unmittelbare Lernen, die originale Begegnung, ist außerschulischer Unterricht, der in Form von [...] Exkursionen realisiert wird. [...] Die originale Begegnung [hat] das Ziel, die bewusste Wahrnehmung der ungefilterten Lebenswirklichkeit über das registrierende und entdeckende Beobachten zu schulen."*

Dem Erlebnis der realen Wirklichkeit auf einer Exkursion werden darüber hinaus noch unterschiedliche Funktionen im Lernprozess zugeordnet. Exkursionen sollen zur „Ermittlung von Fragen oder Hypothesen bzw. Überprüfung von Hypothesen anhand der Realität durch Informations- und Datenermittlung“ dienen. Ebenfalls ist die „Förderung des selbstständigen zeitökonomischen Lernens und des kooperativen Lernens“ (Ministerium für Schule und Weiterbildung, Wissenschaft und Forschung des Landes Nordrhein-Westfalen 1999, S. 30) eine wichtige Intention einer Exkursion. Darüber hinaus sollen noch unterschiedliche Präsentationstechniken kennen gelernt und angewendet werden.

Eine Exkursion kann an verschiedenen Positionen innerhalb des Lernprozesses verortet sein. Sie kann als Einstieg in eine Unterrichtsreihe genutzt werden, indem die reale Begegnung mit Sachverhalten Fragen aufwerfen und somit zu einer Problemformulierung sowie einer Hypothesenbildung führen kann.

In den meisten Fällen wird eine Exkursion dazu genutzt, durch die originale Begegnung Informationen zu sammeln, die dazu dienen, zuvor formulierte Problemstellungen und Hypothesen zu belegen oder zu widerlegen. In diesem Fall ist diese Exkursion in der Mitte einer Unterrichtsreihe zu positionieren.

Auch am Ende einer Unterrichtsreihe kann eine Exkursion durchgeführt werden, die dann der Sicherung der erarbeiteten Unterrichtsinhalte dient.

In den Richtlinien wird noch darauf hingewiesen, dass „die selbstständige Informationsbeschaffung über die originale Begegnung [...] hohen Transferwert für die zielgerichtete und zeitökonomische Erarbeitung einer Problemstellung auf der Grundlage von Darstellungs- und Arbeitsmitteln“ (Ministerium für Schule und Weiterbildung, Wissenschaft und Forschung des Landes Nordrhein-Westfalen 1999, S. 31) habe. Darüber hinaus wird darauf verwiesen, dass das kooperative Lernen gefördert werde, da oft arbeitsteilig vorgegangen werde und jeder Einzelne bereit sein müsse, sich einer Gemeinschaft unterzuordnen und seine Ergebnisse allen zur Verfügung zu stellen. Man muss einander zuarbeiten und nicht gegeneinander arbeiten, um zu einem gemeinsamen Ergebnis zu kommen. Somit erzieht die originale Begegnung zu Kooperation und Teamfähigkeit. Wann und wie eine Exkursion stattfinden soll, ist nicht in den Richtlinien verankert, jedoch wird das unmittelbare Lernen vor Ort gefordert.

4.1.2 Lehrplan des Faches Erdkunde für NRW

Die Durchführung einer Exkursion wird nicht nur in den Richtlinien gefordert, sondern ist auch im Lehrplan für Erdkunde der Sekundarstufe II verankert. Für einen Leistungskurs ist die Planung, Durchführung und Auswertung einer Exkursion vorgeschrieben. Für einen Grundkurs gehört eine Exkursion in den frei gestaltbaren Bereich und obliegt somit keinem Zwang. Jedoch bietet die Exkursion an sich mehrere Möglichkeiten, obligatorische Lerninhalte zu vereinen, wie zum Beispiel selbstständiges und kooperatives Lernen, Medienkompetenz, problemgerechte Kommunikation und Präsentation von Arbeitsergebnissen.

In Bezug auf das Thema dieser Arbeit lässt sich die Exkursion laut Lehrplan in das Inhaltsfeld III einordnen: „Raumstrukturen und raumwirksame Prozesse im Spannungsfeld von Aktionen und Konflikten sozialer Gruppen, Staaten und Kulturgemeinschaften." In diesem Inhaltsfeld lässt sich die Exkursion dem thematischen Baustein c zuordnen: „Siedlungsentwicklung in Abhängigkeit von soziokulturellen und politischen Leitbildern."

Die Thematik dieser Arbeit berührt durchaus auch andere Bausteine oder sogar ein anderes Inhaltsfeld und es bleibt abzuwarten, ob die teilnehmenden Schülerinnen und Schüler nicht auch unbewusst beim Erarbeiten eines Exkursionskonzeptes in andere Bausteine umschwenken. Hier soll den Schülerinnen und Schülern bewusst Raum gelassen werden, ihren Interessen nachzugehen. Dieses soll unbewusst geschehen, weshalb weder die Inhaltsfelder noch die einzelnen Bausteine des Lehrplanes im Vorfeld erläutert werden.

Da Probleme und Prozesse von urbanen Räumen als Thematik in der Jahrgangsstufe 12 im Lehrplan verankert sind, geht das Thema der Exkursion ebenfalls konform mit der Unterrichtspraxis der von mir ausgewählten Lerngruppe. Somit leistet die Exkursion zusätzlich noch einen Beitrag zur Vorbereitung auf das Abitur.

4.1.3 Weitere pädagogische Überlegungen

Wie aus den zugrunde gelegten Richtlinien und Lehrplänen hervorgeht, ist das Projekt innerhalb der Jahrgangsstufe 12 anzusiedeln. Am Fürst-Johann-Moritz-Gymnasium haben sich im Schuljahr 2008/09 im Fach Erdkunde 14 Schülerinnen und Schüler für einen Grundkurs und 28 Schülerinnen und Schüler für einen Leistungskurs entschieden. Für das Projekt wählte ich den Grundkurs Erdkunde.

Die geringere Gruppenstärke im Grundkurs hat den Vorteil, dass ich als Projektleiter zu jedem einzelnen Schüler bzw. jeder Schülerin einen wesentlich intensi-

veren Kontakt aufbauen kann, als das in dem größeren Leistungskurs möglich wäre. Auch innerhalb der Gruppe selbst entsteht ein erhöhter Aufforderungscharakter zur Teilnahme an der Gruppenarbeit.
Bei einer kleinen Gruppe können zudem Gefahren bei der Durchführung, wie zum Beispiel das Verlieren eines Schülers oder einer Schülerin, minimiert werden. Darüber hinaus ergeben sich noch weitere Vorteile für die praktische Durchführung, wie zum Beispiel die Nutzung öffentlicher Verkehrsmittel, die sich mit einer kleinen Gruppe einfacher gestaltet.

4.2 Didaktisch-methodische Überlegungen

Ralph Bähr et al. (2007) beschreiben in ihrem Buch „Schule auf Reisen" treffend, wo die eigentlichen Vorteile einer Exkursion liegen. Die Autoren sind der Auffassung, dass gerade Exkursionen dazu beitragen können, Qualifikationen zu vermitteln, etwa die „exemplarische Einführung in wissenschaftliche Fragestellungen, Kategorien und Methoden" (Bähr 2007, S. 9), die besonders relevant für die gymnasiale Oberstufe seien. Sie fürchten, dass ein Unterricht, der „vorwiegend auf die Vermittlung von fachwissenschaftlichem Sachwissen sowie instrumentellen Fertigkeiten und Kenntnissen abzielt" (Jander 2007, S. 2), Schülerinnen und Schüler hauptsächlich in die weitgehend passive Rolle von Rezipienten presse. Exkursionen sehen sie dagegen als eine Form des Unterrichts an, die, noch besser als der Projektunterricht, „Schülerinnen und Schüler stärker zu selbsttätigen Subjekten ihres Lernprozesses" (Bähr 2007, S. 9) werden lässt.
Exkursionen bieten aber nur dann eine Chance für den Erwerb von Sach-, Selbst-, Sozial- und Methodenkompetenz, wenn sie – analog zum Projektunterricht – als gemeinsames Projekt von Lehrerinnen und Lehrern sowie Schülerinnen und Schülern vorbereitet, durchgeführt und ausgewertet werden. Die Auseinandersetzung mit anderen Orten, anderen Mitmenschen, anderer Verpflegung, anderem Wohnen, anderer Infrastruktur und anderen Freizeitaktivitäten stellt erhöhte Anforderungen an alle Teilnehmerinnen und Teilnehmer.
Die Exkursion stellt eine besondere Unterrichtsform dar, die zudem eine bedeutende Funktion erfüllt, wenn sie richtig durchgeführt wird. Die Orientierung an den von Michael Hemmer 2006 (Hemmer / Uphues 2006; siehe auch Hemmer 1996) veröffentlichten „Leitprinzipien von Schülerexkursionen", in denen die für

eine Exkursion zentralen Aspekte Selbstständigkeit, ganzheitliches Lernen, Teilnehmerorientierung und -integration sowie die Favorisierung kooperativer Lernformen eine besondere Rolle spielen, verleiht dem Konzept die notwendige theoretische Fundierung (siehe 2.2).

4.2.1 Methodenkonzept

Die Schülerinnen und Schüler sollen während der Erarbeitungsphase dieser Exkursion u.a. ihre Methodenkompetenzen erweitern. Dazu zählt, dass sie Lernstrategien entwickeln und dabei wissenschaftliche Arbeitstechniken und sachbezogene Verfahren anwenden, wozu im Besonderen das Begründen der eigenen Meinung zählt, aber auch das Reflektieren der Lernmethoden und des Lernprozesses. Auch das selbstständige Beschaffen von Informationsmaterial, das Analysieren desselben und das Auswerten dienen der Erweiterung der Methodenkompetenz.

Ebenso fällt die Arbeit in Kleingruppen, in welchen Entscheidungen situationsgerecht getroffen werden müssen, in den Kompetenzbereich der Methodik.

Natürlich gehört eine abschließende Präsentation der Lernergebnisse und die Reflexion und Evaluation des Lernprozesses ebenfalls zu den Anforderungen.

4.2.2 Sozialformen

Die soziale Differenzierung wird als bedeutsame Form der inneren Differenzierung von Unterricht angesehen. Dabei geht es in erster Linie um Prozesse des sozialen Lernens und somit um den Erwerb verschiedener sozialer Kompetenzen durch den Umgang mit anderen.

Bei der Themenfindung der einzelnen Module wurde im Kursverband darüber diskutiert, Vorteile und Nachteile wurden abgewogen und abschließend wurde abgestimmt. In diesem Fall wurde besonders darauf geachtet, dass Teamfähigkeit „praktiziert" wurde, was wiederum einen relevanten Bestandteil der Sozialkompetenz darstellt.

In der Vorbereitung in den Modulgruppen habe ich die Think-Pair-Share-Methode angewandt. Zuerst sollten Schülerinnen und Schüler allein nach Materialien im Internet und in der Stadtbibliothek recherchieren. Das vorliegende Material, welches von den Schülerinnen und Schülern sowie ergänzend durch

den Exkursionsleiter beschafft worden ist, wurde zunächst in Einzelarbeit gesichtet. Dem folgte ein Austausch zwischen den Mitgliedern der Modulgruppen und Interessensschwerpunkte kristallisierten sich heraus. Bei diesem Vorgehen mussten die Schülerinnen und Schüler Offenheit gegenüber anderen Standpunkten entwickeln. Im letzten Schritt wurde dann in Gruppen offen über den Bearbeitungsschwerpunkt diskutiert und die Aufgaben wurden verteilt. Die Gruppenentscheidung musste von jedem einzelnen Mitglied akzeptiert werden, was ebenfalls die Sozialkompetenz der Schülerinnen und Schüler schult.
Bei der Exkursion selber werden die Module von der einen Gruppe vorbereitet und von der jeweils anderen Gruppe bearbeitet. Wie dieses vonstatten geht, wird in den Punkten 5.2.1 und 5.2.2 dieser Arbeit näher erläutert.

4.2.3 Lehrerverhalten

Genauso wie während des Unterrichts, im Schulgebäude und auf dem Schulhof, muss die Lehrerin bzw. der Lehrer auch die Beaufsichtigung während einer Exkursion sicherstellen. Die Lehrkraft ist verantwortlich für die Sicherheit und das Wohlergehen der Schülerinnen und Schüler.
Auch wenn dieses Konzept mit einer Jahrgangsstufe 12 entwickelt wurde und ein Großteil der Schülerinnen und Schüler schon volljährig ist, verläuft eine Exkursion als Schulveranstaltung mit den gleichen Rechten und Pflichten aufseiten der Schülerinnen und Schüler, aber auch der Lehrerinnen und Lehrer wie der normale Schulunterricht. Dieser Aspekt sollte unbedingt im Vorfeld mit den Schülerinnen und Schülern besprochen werden, um disziplinarische Probleme bereits im Vorfeld möglichst auszuschließen.

Bei der Vorbereitung der Exkursion sollte dem Konzept der Selbsttätigkeit Rechnung getragen und nur so wenig wie möglich, aber auch soviel wie nötig in die Planung eingegriffen werden. Gerade hier ist es wichtig, dass die Lehrerfunktion „Unterrichten“ nicht als „Belehren“ verstanden wird, sondern als „Fokussieren“ (siehe 3.3.1). Die Lehrerin bzw. der Lehrer sollte die Schülerinnen und Schüler bei ihrer Ideenfindung unterstützen und gegebenenfalls Schwerpunkte beim Bearbeiten vorschlagen. Keinesfalls sollte die Lehrkraft irgendwelche Themen exakt vorformulieren, da ansonsten der eigentliche Sinn dieses Konzeptes verfehlt würde.

Auch auf der Exkursion selbst sollte sich die Lehrkraft eher im Hintergrund halten und beobachten. Lediglich bei sachlich falschen Aussagen gilt es einzugreifen. Natürlich ist auch für die Lehrerin bzw. den Lehrer eine gründliche Vorbereitung unabdingbar, um eventuellen Fragen entgegnen zu können.
Im Idealfall sollte die Lehrerin bzw. der Lehrer den Ort der Exkursion genauestens kennen und auch einen Fundus an Material zu Verfügung haben, um Sachverhalte auch eingehend beleuchten zu können. Hier wäre eine Vorexkursion durch die Lehrkraft ratsam.
Diese Notwendigkeit der vertieften Kenntnis des Exkursionsziels war auch der Grund für die Wahl Münsters. Da ich im Rahmen meines Studiums acht Jahre in Münster gelebt habe, ist mir diese Stadt sehr vertraut. Darüber hinaus wurden im Geographiestudium auch die stadtgeographischen Projekte von Münster, insbesondere Münster als „Stadt der Zukunft“, besprochen, sodass auch dahingehend auf Vorwissen zurückgegriffen werden konnte. Somit konnte in diesem Fall auf eine Vorexkursion verzichtet werden.

5 Erprobung des Konzeptes in der Praxis

5.1 Vorbereitung

5.1.1 Unterrichtliche Vorbereitung

Für die meisten Formen von Exkursionen ist es unerlässlich, mehrere Vorbereitungsstunden durchzuführen. Die Schülerinnen und Schüler werden eingestimmt und haben so bereits die Möglichkeit, sich einzubringen, Ideen einfließen zu lassen oder auch Befürchtungen zu äußern. Darüber hinaus können sich die Schülerinnen und Schüler etwa durch Materialrecherche aktiv an der Planung beteiligen.
Da das Curriculum des Faches Erdkunde den Themenkomplex „Stadtgeographie“ erst für das zweite Halbjahr vorsieht, hatten die Schülerinnen und Schüler des Grundkurses noch kaum Vorkenntnisse. Daher war es notwendig, nicht nur die Arbeitsweisen auf Exkursionen zu vermitteln, sondern auch ein Basiswissen zur Stadtgeographie zu schaffen.

5.1.2 Konzeptbezogene allgemeine Vorbereitung

In dem von mir ausgewählten Erdkundekurs waren die Grundvoraussetzungen für eine schülerorientierte Exkursion eher schlecht. Ich habe als Erstes im Unterricht eine „Mind Map" erstellen lassen, in der sich die Schülerinnen und Schüler dazu äußern sollten, was sie unter einer Exkursion verstehen.

Die Schülerinnen und Schüler kannten bisher Exkursionen nur als einen vom Lehrer bzw. der Lehrerin organisierten Ausflug, der für sie keinerlei Vorbereitung bedeutete. Zu meiner Verwunderung empfanden viele Schülerinnen und Schüler diese Art von Exkursion als sehr langweilig, mitunter auch aus dem Grund, dass sie zum Inhalt der Exkursion keinen Bezug hatten. In einer weiteren Erarbeitungsphase fassten die Schülerinnen und Schüler dann in Kleingruppen ihre Vorstellungen von einer für sie interessanten Exkursion zusammen und präsentierten diese dann im Plenum. Auch hier gab es überraschende Statements. Alle Gruppen forderten von einer Exkursion, dass sie selbst an der Planung beteiligt sein sollten, damit auch die Themen behandelt würden, die sie interessant finden. Rückbesinnend auf den exkursionsdidaktischen Ansatz nach Hemmer wäre somit das Leitprinzip „Teilnehmerorientierung und -integration" bedient.

Auch hatten die Schülerinnen und Schüler großes Interesse daran, Teile der Exkursion selber zu planen und zu bearbeiten und somit zur Durchführung der Exkursion beizutragen. So betitelte eine Gruppe ihre Zusammenfassung mit „Weniger Exkursion – Mehr Entdeckungsreise". Auch hier finden sich Aspekte aus dem Leitprinzip „Selbsttätigkeit" wieder, in dem Hemmer das entdeckende Lernen fordert.

Alle Gruppen waren sich darüber einig, dass Exkursionen dem Zusammenhalt des Kurses dienten und dass man durch Gruppenarbeit auch das Gemeinschaftsgefühl stärken könne.

Eine Gruppe forderte von einer „guten" Exkursion, dass man viel sieht, viel hört und viele Dinge auch unbewusst wahrnimmt, wie z.B. bei einer Stadtexkursion den Lärm und Schmutz.

In dieser Form und Genauigkeit hatte ich ein solches Ergebnis nicht erwartet, da es sich quasi als deckungsgleich mit den didaktischen Leitprinzipien von Schülerexkursionen (Hemmer 1996, Hemmer / Uphues 2006) erwies. Umso größer war jedoch meine Freude, da dadurch von Anfang an eine sehr hohe Motivation innerhalb der Lerngruppe herrschte.

In den Folgestunden wurde Basiswissen über die Stadt erarbeitet, insbesondere über die Funktionen einer Stadt. Es kristallisierte sich heraus, dass die Schülerinnen und Schüler gerade an den Stadtfunktionen „Wohnen“ und „Freizeit“ interessiert waren. Dieses wurde zum Anlass für Recherchen über Münster genommen. Die Ergebnisse wurden zusammengetragen und diskutiert. Aus der Diskussion heraus entstand ein Ranking von für die Schülerinnen und Schüler interessanten Themen.

Im Funktionsbereich „Wohnen“ fiel der Fokus auf die Entwicklung und Schaffung von Wohnraum im innerstädtischen Bereich. Letztlich lagen für dieses Themenfeld zwei Vorschläge vor, zum einen das Lincoln-Quartier betreffend, in dem altes Kasernengelände in innenstadtnaher Lage in ein Wohngebiet umgewandelt wurde und somit einen Funktionswandel erfuhr, und zum anderen das Kreuzviertel betreffend, welches einen Gentrifikationprozess innerhalb eines innenstadtnahen Wohnquartieres aufweist. Nach der Sichtung von weiteren Materialien entschloss sich die gesamte Lerngruppe für das Lincoln-Quartier als einen Standort der Exkursion.

Auch im Themenbereich der Stadtfunktion „Freizeit“ lagen mehrere Vorschläge vor. Zum einen wurde als mögliches Thema der Naherholungsbereich Aasee genannt, zum anderen die Altstadt Münsters mit ihrer eigenen Erlebniskultur. Ein weiterer Vorschlag war der sogenannte „Kreativkai“, der einen Funktionswechsel von einer gewerblichen Nutzung zum Naherholungs- und Kulturareal vollzogen hat.

Wieder wurden zu diesen drei möglichen Standorten weitere Materialien recherchiert. Das von den Schülerinnen und Schülern von vornherein favorisierte Thema „Altstadt“ erwies sich jedoch in der Materialfindung als wenig ergiebig und so reagierten sie sehr vernünftig und entschlossen sich, den „Kreativkai“ als möglichen Standort auszuwählen.

Jeder Standort wird im Folgenden auch „Modul“ genannt. Dieses unterstreicht die Flexibilität, die diese Exkursion haben soll. Wenn modularisierte Exkursionen durch Zuarbeiten immer neuer Module einen größeren Umfang annehmen können, so hat dies den Vorteil, dass einzelne Module adressatengerecht in der Exkursion angeordnet werden können. Somit ist sichergestellt, dass man die Exkursion besser auf die Bedürfnisse der einzelnen Lerngruppen abstimmen kann und dass man bei Bedarf die Exkursion so plant, dass z.B. die einzelnen Module in einer räumlichen oder thematischen Verbindung stehen.

5.1.3 Vorbereitung der einzelnen Module

Zur Vorbereitung der einzelnen Module wurde die Lerngruppe in Kleingruppen zu je drei bis vier Schülerinnen und Schülern eingeteilt, sodass insgesamt vier Gruppen entstanden. Jeweils zwei Gruppen waren für ein Modul verantwortlich. Diese Einteilung wurde bewusst gewählt, da Gruppenstärken von mehr als vier Schülerinnen und Schülern oftmals den Effekt haben, dass sich einige Schüler bzw. Schülerinnen in der Großgruppe zurückhalten und nicht am Lernprozess teilnehmen.

Dieses parallele Bearbeiten eines Moduls hat zudem den Vorteil, dass ein breiteres Spektrum von Ideen zur Gestaltung der Exkursion ermöglicht wird. Hinzu kommt, dass es bei der Exkursion und bei der anschließenden Reflexion nicht nur „bearbeitende Schülerinnen und Schüler" gab, die den Standort nicht kannten, sondern auch ein „Expertenteam", welches sich mit diesem Standort befasst hatte und somit über Hintergrundwissen verfügte.

Beide Gruppen eines jeden Moduls mussten sich dann auf ein gemeinsames Konzept zur Bearbeitung eines Standortes einigen bzw. beide Einzelkonzepte zu einem gemeinsamen Konzept zusammenführen.

5.2 Durchführung der Exkursion

Am Donnerstag, dem 20.11.2008, traf sich die gesamte Lerngruppe aus 14 Schülerinnen und Schülern mit dem Kurslehrer Herrn T[redacted] sowie dem Verfasser dieser Arbeit um 7.45 Uhr vor dem Fürst-Johann-Moritz-Gymnasium. Auf die Anreise nach Münster per gemieteten Bus wurde zurückgegriffen, da der Ablauf der Exkursion dadurch sehr flexibel gehalten werden konnte, sowohl was die Abfahrtzeiten als auch die Anordnung der verschiedenen Module anging. Darüber hinaus erspart ein Bus gegenüber öffentlichen Verkehrsmitteln Zeit bei der Anreise und erhöht die allgemeine Mobilität vor Ort. Natürlich bedeutet ein Bus immer einen zusätzlichen finanziellen und organisatorischen Aufwand, jedoch wird dieser Nachteil durch die genannten Vorteile ausgeglichen. Ankunft in Münster war 10.25 Uhr.

5.2.1 Modul „Kreativkai“

Der Bus brachte die Gruppe bis in die unmittelbare Nähe des Kreativkais auf einen großen Platz direkt vor der Verwaltung der Münsteraner Stadtwerke. Anhand eines Stadtplanes konnten sich beide Gruppen orientieren und der jeweils anderen Gruppe die Lage ihres Standortes zeigen. Alternativ wären auch viele andere Startpunkte möglich. Wenn man zum Beispiel mit dem Zug anreist, wäre der Berliner Platz direkt vor dem Bahnhof ein idealer Startort, da dort in direkter Konfrontation Münster sehr großstädtisch wirkt mit einer sechsfach befahrenen Verkehrsspur. Da das Modul „Kreativkai“ in unmittelbarer Nähe des Parkplatzes lag, wurde dieses Modul gemeinschaftlich als Erstes ausgewählt und die Gruppe „Kreativkai“ übernahm zunächst die Führung.

Quelle: http://www.werkstatt-stadt.de/de/projekte/139/uebersicht/

Die „Expertengruppe“ (im Folgenden ist damit immer die Gruppe gemeint, die den Standort vorbereitet hat) teilte an alle Beteiligten ein Arbeitsblatt aus (siehe Anhang B). Das Arbeitsblatt beinhaltete eine Karte des „Kreativkais“, in der einzelne Gebäude mit Nummern belegt sind. Die Leitfragen zu dieser Karte waren ebenfalls dem Arbeitsblatt zu entnehmen. Die Schülerinnen und Schüler sollten die einzelnen nummerierten Gebäude ausfindig machen und die Funktionen der Gebäude feststellen. Wichtig war der Gruppe, dass nicht nur die Funktionen im Parterre herausgearbeitet wurden, sondern auch die Nutzungen in den darüber liegenden Stockwerken. In einem weiteren Arbeitsauftrag galt es herauszufinden, ob es Hinweise dafür gibt, wie der „Kreativkai“ früher ausgesehen haben könnte und welche Funktionen er damals innehatte. Im letzten Arbeitsauftrag sollte sich jede Gruppe ein eigenes Urteil darüber bilden, warum der Kreativkai diese Namen erhalten hat.

Die gebildeten Gruppen waren identisch mit den Gruppen der ersten Erarbeitungsphase (siehe 5.1.3), sodass vier Gruppen zur Erkundung des „Kreativkais“ aufbrachen. Die Zeit wurde mit 60 Minuten und als Treffpunkt das Borchert Theater festgelegt. Die beiden Lehrer schlossen sich jeweils einer Gruppe an, um diese bei ihren Ausarbeitungen beobachten zu können.

[Foto entfernt]

Nach einer Stunde traf sich die gesamte Gruppe am Verabredungspunkt. Leider konnte nicht direkt am „Kreativkai“ über die Ergebnisse reflektiert werden, da starker Regen dies verhinderte. Wir wählten dann das Vordach der Stadtwerke als Reflexionspunkt aus, da von hier aus zumindest noch ein Teil des „Kreativkais“ zu sehen war.

In der Reflexionsphase wurde kurz auf die gesammelten Ergebnisse eingegangen. Jedoch standen diese bewusst nicht im Mittelpunkt. Vielmehr wurde innerhalb der Gruppe überlegt, wie die Ergebnisse gesichert werden könnten und wie man diese dann in der Nacharbeitungsphase präsentieren könnte.

Die Schülerinnen und Schüler zeigten sich während dieser Reflexionsphase sehr motiviert und viele Ideen zur Präsentation wurden gesammelt. Auf die Nachbereitungsphase wird in Kapitel 5.3 näher eingegangen.

Im Anschluss an dieses Modul folgte eine ca. einstündige Mittagspause, in der sich die Schülerinnen und Schüler in der Münsteraner Innenstadt frei bewegen konnten. Angesichts des schlechten Wetters brachte uns der Bus auf einen innerstädtischen Parkplatz. Sollte bei weiteren Exkursionen kein eigener Bus vorhanden sein und ähnliches Wetter vorherrschen, ist es kein Problem, mit öffentlichen Verkehrsmitteln in die Innenstadt zu gelangen, da mehrere Buslinien an diesem Standort halten. Sollte das Wetter es zulassen, könnte eine Gruppe auch anhand eines Stadtplanes den Weg in die Innenstadt selbst erkunden.

5.2.2 Modul „Lincoln-Quartier“

Nach der Mittagspause traf sich die gesamte Gruppe wieder am Bus, der uns zum zweiten Erkundungsort, dem „Lincoln-Quartier“, brachte. Auch hier musste die Gruppe dem Wetter Tribut zollen, da Dauerregen einen möglichen Fußmarsch sehr behindert hätte.

Im Lincoln-Quartier führte uns die Expertengruppe zum östlichen Bereich des ehemaligen Exerzierplatzes. Dieser Standort war gut ausgewählt, da man nicht nur die alten Kasernengebäude sehen konnte, sondern auch die Neubebauung und die größte Freifläche des

[Foto entfernt]

Lincoln-Quartiers. Auch die Expertengruppe des Moduls „Lincoln-Quartier" hatte ein Arbeitsblatt erarbeitet, welches eine Gebäudekarte und Arbeitsaufträge enthielt (siehe Anhang D). Der erste Arbeitsauftrag umfasste eine Funktionskartierung des heutigen Lincoln-Quartiers. In der zweiten Arbeitsanweisung wurde nach der historischen Entwicklung des Quartiers gefragt. In der dritten Arbeitsanweisung sollten die Gruppen Anwohner über ihren Bezug zum Lincoln-Quartier befragen.

Auch hier wurde die gesamte Gruppe wieder in die vier Kleingruppen der Vorbereitungsphase aufgeteilt und jede Gruppe hatte für sich 60 Minuten Zeit, die Arbeitsaufträge zu bearbeiten. Nach dieser Bearbeitungszeit wurde sich wieder zur Reflexion am Anfangsstandort getroffen.

Wie auch schon beim „Kreativkai" zeigte sich die gesamte Gruppe in der Reflexion sehr motiviert und es wurden einige Ideen zur Bearbeitung dieses Moduls gesammelt. Erneut standen weniger die gesammelten Ergebnisse im Vordergrund der Reflexionsphase als vielmehr die Art und Weise, wie die Gruppen den Standort bearbeitet haben und wie die Ergebnisse gesichert werden könnten.

Nach Abschluss dieses Moduls wurde gemeinsam die Heimreise angetreten.

5.3 Nachbereitung

Wie schon erwähnt wurden die Reflexionsphasen der einzelnen Module vorwiegend zur Methodenreflexion genutzt. Dieses Vorgehen wurde von mir bewusst so gewählt, da die Reflexionsphasen innerhalb dieses Konzepts den Anfangspunkt der Nachbereitung bilden. Durch das Reflektieren der Arbeitsme-

thoden erlangen die Schüler eine Methodenkompetenz, die sie sich nicht nur in der Nachbereitung dieser Exkursion zunutze machen können.
Aufgrund der Ergebnisse der Reflexionsphasen wurde jedes Modul im Unterricht nochmals von der Expertengruppe des jeweils anderen Moduls überarbeitet. Während der Überarbeitung fügten die Schülerinnen und Schüler die Ergebnisse den Arbeitsanweisungen hinzu (siehe Anhänge C und E). Durch diesen Arbeitsschritt erkannten die Schülerinnen und Schüler, wie sie Arbeitsanweisungen und Fragen umformulieren mussten, um zielgerichtete Ergebnisse zu erhalten. Exemplarisch deutlich wird diese Konkretisierung der Aufgabenstellung am Beispiel der Anwohnerbefragung des Lincoln-Quartiers. Hier wurde die zunächst eher allgemein formulierte Aufgabenstellung 3 des ersten Entwurfs hinsichtlich der Befragung der Anwohner nach ihrer Beziehung zum Quartier (siehe Anhang D) in dem überarbeiteten Entwurf durch drei gezielte Fragen ergänzt:

a. Welche sozialen Schichten wohnen im Lincoln-Quartier?
b. Gibt es einen hohen Ausländeranteil?
c. Was schätzen Sie als Anwohner am Lincoln-Quartier?
   (siehe Anhang E, Aufgabe 2)

Diese von den Schülerinnen und Schüler selbstständig überarbeiteten Arbeitsblätter bildeten dann die Grundlage der Präsentationen.
Das Verfahren, dass die jeweils andere Gruppe den Standort nun ebenfalls bearbeitet, hat den Hintergrund, dass sich nun alle vier Kleingruppen als Expertengruppen beider Module betrachten können und somit ein Mehrwert des Lernerfolges gesichert ist. Auch wurden einige Verbesserungsvorschläge in den Gruppen zur Bearbeitung der einzelnen Module vorgebracht, auf die im Rahmen des Kapitels 6.1 näher eingegangen wird.

6 Evaluation und Reflexion im Hinblick auf die Anwendbarkeit des erstellten Konzeptes

6.1 Rahmen der Reflexion/Evaluation

Die Reflexion innerhalb des Lehrerteams fand im Anschluss an den Exkursionstag statt, wobei die wichtigsten negativ wie auch positiv aufgefallenen Punkte aufgegriffen und diskutiert wurden. Orientierungsrahmen war dabei der Ablauf des Exkursionstages.

Die Reflexion der Schülerinnen und Schüler als Grundlage der Nachbereitung der Exkursion erfolgte in der darauf folgenden Unterrichtsstunde anhand eines Evaluationsbogens (siehe Anhang A). Dieser enthielt Fragen zum Interesse der Schülerinnen und Schüler an dem Exkursionstag, zu dem Ablauf desselben, zu den angewandten Methoden und zum Ertrag. Darüber hinaus wurde noch nach besonders positiven und besonders negativen Erfahrungen gefragt. Die Frage nach Verbesserungsvorschlägen rundete den Evaluationsbogen ab.

Ich möchte an dieser Stelle darauf hinweisen, dass ich mit dem Fragebogen nicht den Anspruch erhebe, „den testtheoretischen Gütekriterien von Objektivität, Validität und Reliabilität [zu] genügen“ (Horster 1996, S. 79). Mir ging es hierbei lediglich darum, ein allgemeines Meinungsbild der Schülerinnen und Schüler zu erstellen, welches dann als Grundlage für die Nachbereitung dienen sollte.

Dieses Vorgehen bildet zugleich die Grundlage für weitere Exkursionen zur Stadtgeographie, da das bestehende Konzept durch Erfahrungswerte, Vorschläge und Anregungen der Schülerinnen und Schüler erweitert werden kann. Dieses ist ein wichtiger Aspekt in der Konzeption, um weiterhin schülerorientiert verfahren zu können.

6.2 Ergebnisse und Reflexion des Konzeptes

Für mich war es bei der Evaluation zunächst wichtig, wie die Schülerinnen und Schüler auf diese neue Art von Exkursion reagieren und für wie sinnvoll sie diese halten. Hierauf zielen die Fragen 2 und 3 im Evaluationsbogen ab (siehe Anhang A).

Viele Schülerinnen und Schüler bestätigen, dass diese Exkursion anders gewesen sei als die bisher durchgeführten „typischen“ Exkursionen, bei denen sie sich in den meisten Fällen nur Vorträge anhören hätten müssen. Es wurde positiv herausgestellt, dass die Schülerinnen und Schüler schon vor der Exkursion Informationen sammeln sollten, wodurch sie nach eigenen Angaben ein anderes „Verhältnis“ zum Exkursionsziel entwickeln konnten. Eine Schülerin schreibt in ihrem Evaluationsbogen passend: „... man konnte schauen, ob die Informationen, die man gesammelt hat, mit der Wirklichkeit übereinstimmen.“ Dieser

Satz macht deutlich, dass die Schülerinnen und Schüler durch die Möglichkeit des Vergleichs zwischen der Theorie und der erlebbaren Wirklichkeit eine intensivere Beziehung zum Exkursionsstandort aufbauen können und dadurch wiederum Motivation und Interesse geweckt werden. Auch dass die Schülerinnen und Schüler sich gegenseitig Aufgaben stellten, wurde von vielen als angenehm empfunden. In einer Begründung heißt es dazu, dass dadurch „der Zwang, nur etwas für den Lehrer machen zu müssen, nicht da war".
Fast alle Schülerinnen und Schüler waren der Meinung, dass die Exkursion „sehr sinnvoll" bzw. „sinnvoll" und der Wissensgewinn sehr groß gewesen sei.
Mit dem Gesamtablauf des Exkursionstages waren die meisten Schülerinnen und Schüler „zufrieden" bzw. „sehr zufrieden". Kritik kam in Bezug auf die Mittagspause auf. Diese wurde zwar insgesamt von den meisten als „sehr gut" bewertet, allerdings empfanden einige sie als zu lang. Eine Schülerin schlug vor, dass man die Mittagspause ebenfalls als ein Modul anschließen könne, in dem man zum Beispiel die Innenstadt bearbeiten müsse. Auch innerhalb des Leitungsteams sah man hier Verbesserungsbedarf, da gerade die Münsteraner Innenstadt aus stadtgeographischer Sicht einiges zu bieten hat.

Wie stellen sich die Ergebnisse der Exkursion nun in Hinblick auf die eingangs als leitend genannten theoretischen Überlegungen Michael Hemmers dar? In Planung, Durchführung und Nachbereitung der Exkursion wurde besonderes Augenmerk auf die Leitprinzipien „Selbsttätigkeit der Schülerinnen und Schüler", ein „ganzheitliches Lernen mit allen Sinnen", eine „Teilnehmerorientierung und -integration" und die „Favorisierung kooperativer Lernformen" gelegt. Innerhalb des Konzeptes lassen sich alle diese Leitprinzipien wiederfinden. Die *Selbsttätigkeit* war dadurch gewährleistet, dass die Schülerinnen und Schüler eigenverantwortlich einen zu bearbeitenden Standort finden und für diesen Methoden der Bearbeitung auswählen mussten. Wichtig ist hierbei, den Schülerinnen und Schülern bereits in der Vorbereitung während des Unterrichts mögliche Methoden zur Bearbeitung eines Standortes aufzuzeigen. Dieses Vorgehen fördert nicht nur die Selbsttätigkeit während der Vorbereitung, sondern schlägt sich auch positiv in der eigenständigen Formulierung der Arbeitsaufträge nieder. Die Schülerinnen und Schüler beider Gruppen fördern dadurch, dass sie die bearbeitenden Gruppen dazu anleiten, selbstständig ein Modul zu bearbeiten, die Selbsttätigkeit in besonderem Maße.

Das *ganzheitliche Lernen mit allen Sinnen* ist auf stadtgeographischen Exkursionen immer eine besondere Herausforderung. Die Expertengruppe „Lincoln-Quartier" versuchte, dieses Leitprinzip in ihren Fragebogen zu integrieren, indem sie den Gruppen die Aufgabe stellte, die Augen zu schließen und auf Besonderheiten zu achten (siehe Anhang C/D). Während der Reflexion stellte sich heraus, dass die Gruppe davon ausging, dass durch die dichte äußere Bebauung kaum städtischer Lärm in Inneren des Lincoln-Quartiers zu hören sein würde. Dieses haben die Gruppen dann auch tatsächlich feststellen können.

Auch die *Teilnehmerorientierung und –integration* wurden bei dem Konzept besonders beachtet. Infolge des großen Anteils an Eigeninitiative und Selbsttätigkeit der Schülerinnen und Schüler in Planung und Durchführung sowie während der Nachbereitung wird dieses Leitprinzip so gut wie automatisch bedient. Die Schülerinnen und Schüler bestimmen durch die Selbsttätigkeit automatisch den Inhalt der Exkursion und können ihre Interessen aktiv in den Lernprozess mit einbeziehen. Hemmer zufolge sollte sich der Lehrer bei der Erfüllung dieses Leitprinzips möglichst heraushalten. An dieser Stelle geht das Konzept jedoch einen anderen Weg. Meiner Meinung nach ist es sinnvoll, der Exkursion durch den Lehrer einen Rahmen zu geben. Idealtypisch sollten die Schülerinnen und Schüler auch den Ort der Exkursion selber auswählen. Aus den schon anfangs in Kapitel 4.2.3 genannten Gründen ist jedoch hiervon abzusehen. Die Schülerinnen und Schüler bräuchten viel zu viel Zeit, sich auf eine Stadt zu einigen. Mitunter stellt sich diese Stadt in der Erarbeitungsphase als „ungünstig" heraus oder die Entfernung zur Schule ist zu groß und die Stadt nicht während einer Tagesexkursion zu erreichen. Bis zur Entscheidung, welche Stadt Ziel der Exkursion werden soll, kann so viel unnötige Zeit vergehen, die besser genutzt werden könnte. Daher wurde von vornherein eine Stadt, in diesem Falle Münster, als Ziel festgelegt. Diese frühzeitige Fokussierung hatte den Vorteil, dass die Schülerinnen und Schüler von Beginn an zielgerichtet zu dieser einen Stadt Informationen beschaffen konnten.

Auch auf die Verwendung *kooperativer Lernformen* wurde bei diesem Konzept geachtet. Kleine Gruppen sorgten für eine hohe Ausbeute an Ideen zur Gestaltung der Exkursion. Die Kleingruppen mussten sich bei der Festlegung des Inhaltes eines Moduls untereinander verständigen. Während der Exkursion selbst war ebenfalls Gruppenarbeit in der Bearbeitung der Module wichtig. In der

Nachbereitungsphase mussten dann die Schülerinnen und Schüler das jeweils andere Modul bearbeiten und überprüfen (siehe 5.3).
Ein weiterer Aspekt, der Hemmers Vorstellungen der Gestaltung von Exkursionen widerspiegelt, sind verschiedene Standorte innerhalb der einzelnen Module. Auch hier wurde von der Theorie abgerückt, da gerade in der räumlichen Begrenzung eines „Kreativkais" oder des „Lincoln-Quartiers" der Mehrwert eines solchen Standortwechsels nicht eindeutig erkennbar ist.

Abschließend sollen rückblickend die positiven wie negativen Eindrücke der einzelnen Aspekte der Exkursion zusammengefasst werden und darauf aufbauend Alternativen oder Verbesserungsmöglichkeiten aufgezeigt werden.
An- und Abreise: Obwohl, wie eingangs auch dargestellt, eine derartige Exkursion ohne Weiteres mit öffentlichen Verkehrsmitteln möglich ist, erwies sich aufgrund des Wetters die Wahl eines eigenen Busses als vorteilhaft. Um einer Exkursion nach Münster noch mehr Attraktivität zu verleihen, könnte eine Exkursionsgruppe auch auf (Miet-)Fahrräder als Fortbewegungsmittel zurückgreifen und auf diese Weise das umweltfreundliche und wiederholt preisgekrönte Konzept einer „Fahrradstadt" mit ihrer spezifischen Verkehrsplanung „erfahren".
Modul 1: Der Kreativkai als Modul, vor allem in der Form, wie die Expertengruppe es vorbereitet hatte, eignet sich sehr gut für eine Exkursion. Funktionskartierungen bieten sich hier geradezu an. Wichtig wären jedoch auch Karten und/oder Fotos des Kreativkais vor der Umstrukturierung. Anhand dieser ist der Funktionswandel noch viel drastischer zu beobachten.
Pause: Die bessere Nutzung der Mittagspause als weiteres Modul wurde bereits angesprochen und wird nach Rücksprache mit dem Fachlehrer in die nächste Ausbaustufe des Konzeptes übernommen. Insbesondere der Prinzipalmarkt lädt mit seiner Geschichte und baulichen Form zur Spurensuche ein.
Modul 2: Auch das Lincoln-Quartier erwies sich als ein interessantes Modul, das jedoch in Teilen anders bearbeitet werden sollte. Dieser Meinung waren auch einige der Schülerinnen und Schüler, darunter auch solche, die selbst der Expertengruppe angehört hatten. Eine historische Entwicklung des Lincoln-Quartiers ist kaum zu erkennen, erst recht nicht, wenn die Schülerinnen und Schüler keine Baustile verschiedenen zeitlichen Epochen zuordnen können (siehe Anhang D, Arbeitsauftrag 2; Anhang E ohne Auftrag 2). Aus der Kartierung der Funktionen ist hingegen schön zu erkennen, dass das Quartier eine

annähernd autonom wirkende Einheit darstellt, da Funktionen wie Wohnen, Versorgen oder Bilden (Kindertagesstätte) fußläufig innerhalb des Quartiers erreichbar sind. Neben der Anwohnerbefragung könnte auch durchaus noch ein Expertengespräch mit in das Modul aufgenommen werden, da es einen „Lincoln-Treff" gibt, der sich um alle Belange des Lincoln-Quartiers kümmert.

Vorbereitung im Unterricht: Generell sollte diese Exkursion möglichst zeitnah zum Unterrichtsthema „Stadtgeographie" durchgeführt werden. Die Terminierung dieser Arbeit ermöglichte dieses leider nicht, da das Thema erst im zweiten Halbjahr auf dem Lehrplan der Jahrgangsstufe 12 steht. So mussten in den Vorbereitungsstunden immer wieder stadtgeographische Prozesse besprochen werden, was viel Zeit in Anspruch genommen hat. Ein weiterer Vorteil, die Exkursion in das Thema „Stadtgeographie" einzubinden, ist natürlich, dass die Schülerinnen und Schüler zusätzlich Spurensuche betreiben können, wenn sie im Unterricht verschiedene Prozesse einer Stadt schon durchgenommen haben. Die im Unterricht erarbeiteten Kenntnisse dann im Nachhinein in der Stadt zu suchen und zu erkennen, birgt einen weiteren Motivationsschub.

Fächerübergreifender Ausbau: Im Gespräch mit Kollegen anderer Fächer bestand grundsätzliches Interesse an einem fächerübergreifenden Ausbau des Konzeptes, da gerade Münster auch historisch wie religiös oder aber auch in Anlehnung an das Projekt „Städte der Zukunft" aus ökologischer Sicht sehr interessant erscheint.

Abschließend bleibt noch die Bewertung der Exkursionsleitung durch die Schülerinnen und Schüler, die, abgesehen von wenigen Ausnahmen, durchweg „gut" bis „sehr gut" ausfiel. Besonders das Erklärungsvermögen und die gute Vorbereitung wurden gelobt. Innerhalb des Leitungsteams selbst wurden die intensive Zusammenarbeit zwischen den Beteiligten sowie mit der Fachkonferenz Erdkunde und die gute Organisation betont. Es wurde ferner als wünschenswert erklärt, die Zusammenarbeit so beizubehalten und diese Exkursion in optimierter Form in den nächsten Jahren weiterzuführen und durch weitere Module auszubauen.

7 Fazit und Ausblick

In dieser Arbeit ging es darum, mit Schülerinnen und Schülern gemeinsam ein modularisiertes Exkursionskonzept zu entwickeln, welches als Basis dazu dient, stetig durch neue Module erweitert werden zu können. Anhand einer Theorie zur Exkursionsdidaktik wurde versucht, dieses auf das Fürst-Johann-Moritz-Gymnasium zu übertragen.

Insgesamt fiel die Resonanz zu dem Konzept sehr positiv aus. Am wichtigsten waren mir dabei die Beteiligung und Resonanz der Schülerinnen und Schüler, die mit viel Eifer bei der Sache waren und so den Exkursionstag sehr kreativ mitgestaltet haben. Dies wurde durch das insgesamt sehr gute Ergebnis ihrer Evaluation unterstrichen. Ich denke, dass viele der von mir formulierten Zielsetzungen, wie beispielsweise das selbsttätige Lernen und die Teilnehmerorientierung und –integration, erreicht werden konnten, was im Rahmen einer umfassenderen Evaluation als hier vorgenommen nachzuweisen wäre.

Auch im Kollegium gab es viel Zustimmung bezüglich des Konzeptes. Bei seiner Vorstellung auf dem letzten Elternsprechtag wurde es von den Lehrern und anwesenden Eltern gelobt und als sehr sinnvoll erachtet. Lediglich eine Mutter fand, dass die Übertragung von so viel Verantwortung im Lernprozess bedenklich sei. Diese Argumentation konnte mit Verweisen auf den Lehrplan des Faches Erdkunde entkräftet werden. Die Vorstellung auf der letzten Fachkonferenz Erdkunde verlief ebenfalls sehr positiv. Es wurde betont, dass die Stadtgeographie einen wesentlichen Teil des Lehrplanes in der Jahrgangsstufe 12 ausmache und dass die Fachkonferenz daher sehr daran interessiert sei, das Konzept in dieser Form beizubehalten und auch auszubauen.

Darüber hinaus wurde das Konzept in Hinblick auf die Verkürzung der Schulzeit im Rahmen der anstehenden Schulreform als Chance betrachtet, wichtige Inhalte des regulären Unterrichts auf außerunterrichtliche Projekte zu verlagern. Der durch das künftig fehlende Jahr verkürzte Unterricht könnte auf diese Weise inhaltlich entlastet werden.

Hinzu kommt die Möglichkeit des fächerverbindenden Unterrichts. Die Kombination der Lehrinhalte zweier oder mehrerer Fächer erfordert zwar eine intensive Zusammenarbeit und eine gute inhaltliche Abstimmung mit den Fachkollegen, kann aber auch eine zusätzliche Entlastung bedeuten. Ferner wäre es denkbar, diese Form der Exkursion für die Umsetzung anderer Inhalte, wie zum Beispiel den Unterschied zwischen Stadt und Land, zu nutzen.

Im Mai 2009 soll diese Exkursion nochmals mit dem gleichen Grundkurs und dem Leistungskurs der Jahrgangsstufe 12 durchgeführt werden. Der Grundkurs hat dann die Aufgabe, dass von ihm erarbeitete Konzept zu perfektionieren und gleichzeitig das Lernverhalten des Leistungskurses in Hinblick auf die Fragestellungen und Bearbeitungsaufträge zu evaluieren. Gerade eine stärker inhaltsbezogene Evaluation steht noch aus. Somit können die Schülerinnen und Schüler eigenständig überprüfen, ob ihr Konzept bei einem Kurs funktioniert, der sich in der unterrichtlichen Vorbereitung schon mit dem Thema „Stadtgeographie" beschäftigt hat.

Aufgrund der Evaluationsergebnisse lässt sich sagen, dass das Ziel der Erstellung eines Konzeptes zur Exkursionsdidaktik als Unterrichtsvorhaben für die Sekundarstufe II, dessen theoretische Fundierung und praktische Umsetzung exemplarisch anhand zweier Module in einer Stadtgeographie aufgezeigt wurden, erreicht wurde. Natürlich gibt es noch Dinge, die der Überarbeitung bedürfen. In der Fachkonferenz Erdkunde des Fürst-Johann-Moritz-Gymnasiums wurde dieses Konzept vorgestellt und damit der Grundstein dafür gelegt, dass eine modularisierte Stadtexkursion nach Münster in den schuleigenen Lehrplan aufgenommen wird.

Derartige Stadtexkursionen waren bisher meist auf das Fach Erdkunde beschränkt. Es existieren aber auch viele Möglichkeiten, eine solche Exkursion durch das Hinzufügen immer neuer Module auch fächerübergreifend durchzuführen. In diesem Zusammenhang wäre auf das Beispiel Münster bezogen die Koppelung mit dem Fach Geschichte oder dem Fach Religion besonders interessant, da die Stadt noch heute stark durch ihre historischen und religiösen Bezüge geprägt ist und viele diesbezügliche Möglichkeiten für Erkundungen bietet. Gerade die Fachkollegen der Fächer Katholische Religion und Geschichte waren an einer Zusammenarbeit sehr interessiert und würden ihrerseits gerne weitere Module auf Basis dieses Konzeptes in ihrem Fachunterricht erarbeiten.

Insgesamt liegt hiermit ein modularisiertes, exkursionsdidaktisches Konzept vor, dass als Grundlage oder Vorschlag für derartige Exkursionen an anderen Schulen dienen und bei Bedarf individuell angepasst und weiterentwickelt werden kann.

Literaturverzeichnis

Bähr, Ralph / Bessen, Josef / Emer, Wolfgang (Hrsg.) (2007): *Schule auf Reisen. Exkursionen als Möglichkeit vielseitigen Lernens in der Sekundärstufe II.* Bielefeld: Oberstufen-Kolleg an der Universität Bielefeld.

Birkenhauer, Josef (1995): *Außerschulische Lernorte.* HGD-Symposium Benediktbeuern 1993 (= Geographiedidaktische Forschungen, Bd. 26). Nürnberg.

Brammeier, Ulrich (1985): *Die Schülerexkursion im Rahmen des Erdkundeunterrichts.* In: Fraedrich, W. (Hrsg.): Exkursionsführer Geographie. Köln.

Feidt, Marion / Haller, Géraldine (2002): *Außerschulische Lernorte im Geographieunterricht.* Diplomarbeit, abgegeben am Institut Supérieur d'Etudes et de Recherches Pédagogiques. Walferdingen.

Fürst-Johann-Moritz-Gymnasium Siegen (2005): *Schulprogramm*, Stand: Dezember 2005

Ministerium für Schule und Weiterbildung, Wissenschaft und Forschung des Landes Nordrhein-Westfalen (Hrsg.) (1999): *Richtlinien und Lehrpläne für das Gymnasium – Sekundarstufe II – in Nordrhein-Westfalen. Erdkunde.* Düsseldorf.

Hemmer, Michael (1996): *Grundzüge der Exkursionsdidaktik und -methodik.* In: Bauch, J. et al. (Hrsg): Exkursionen im Naturpark Altmühltal. Hrsg. vom Informationszentrum Naturpark Altmühltal. Eichstätt.

Hemmer, Michael / Uphues, Rainer (2006): *Schülerexkursionen in Berlin. Theoretische Grundlagen, Skizzierung und Ergebnisse eines Studienprojekts.* In: Hennings, W. et al. (Hrsg.): Exkursionsdidaktik innovativ!? Weingarten.

Hemmer, Michael / Uphues, Rainer (2008): *Zwischen passiver Rezeption und aktiver Konstruktion. Varianten der Standortarbeit aufgezeigt am Beispiel der Großwohnsiedlung Berlin-Marzahn.* In: Dickel, M. / Glasze, G. (Hrsg.): Neue Wege der Exkursions- und Reisedidaktik: Vielperspektivität und Teilnehmerzentrierung. Mainz.

Horster, Leonhard (1996): *Wie Schulen sich entwickeln können.* 3. Auflage. Bönen.

Hennings, Werner / Kanwischer, Detlef / Rhode-Jüchtern, Tilman (Hrsg.) (2006): *Exkursionsdidaktik – innovativ!?* Erweiterte Dokumentation zum HGD-Symposium 2005 in Bielefeld. Weingarten.

Jander, Martin (2007): *Rezension von: Ralph Bähr / Josef Bessen / Wolfgang Emer (Hgg.): Schule auf Reisen. Exkursionen als Möglichkeit vielseitigen Lernens in der Sekundärstufe II.* Bielefeld: Oberstufen-Kolleg an der Universität Bielefeld. In: sehepunkte 7 (2007), Nr. 10. URL: http://www.sehepunkte.de/2007/10/13356.html [Stand: 15.11.2008].

Klein, Michael (2007): *Exkursionsdidaktik. Eine Arbeitshilfe für Lehrer, Studenten und Dozenten.* Hohengehren.

Kross, Eberhard (1991): *Außerschulisches Lernen und Erdkundeunterricht.* In: Geographie heute, Heft 88/1991.

Rinschede, Gisbert (1997): *Schülerexkursionen im Erdkundeunterricht – Ergebnisse einer empirischen Erhebung bei Lehrern und Stellung der Exkursion in der fachdidaktischen Ausbildung.* In: Preisler, G. et al. (Hrsg.): Schülerexkursionen im Erdkundeunterricht II (= Regensburger Beiträge zur Didaktik der Geographie, Bd. 2). Regensburg.

Rinschede, Gisbert (2003): *Exkursionen.* In: Rinschede, G. (Hrsg.): Geographiedidaktik (= Grundriss Allgemeine Geographie). Paderborn.

Schrand, Hermann (1992): *Erdkunde vor Ort als didaktisches Prinzip.* In: Geographie heute, Heft 104/1992.

Staatsinstitut für Schulpädagogik und Bildungsforschung München (Hrsg.) (1995): *Handreichungen zur Exkursionsdidaktik. Erdkunde am Gymnasium.* München.

Anhang

A - Evaluationsbogen

Schülerexkursion zum Thema Stadtgeographie nach Münster

Name: Kurs: Expertengruppe:

1. Beschreibe das Projekt kurz mit einem Überblick über die einzelnen Arbeitsschritte.

2. Was habe ich in welchen Bereichen dazugelernt (Bereiche: Wissen [Allgemeinwissen, Fachwissen], Fähigkeiten [z.B. auf fremde Leute zugehen, ein Produkt präsentieren]).

3. Fandest du diese Art von Exkursion sinnvoll?

Sehr sinnvoll □ sinnvoll □ egal □ weniger sinnvoll □ nicht sinnvoll □

4. Was ist besser oder schlechter an den bisherigen Exkursionen, die du durchgeführt hast?

5. Warst du mit dem Ablauf der Exkursion zufrieden?

Sehr zufrieden □ zufrieden □ egal □ weniger zufrieden □ nicht zufrieden □

6. Wie fandest du die Mittagspause und die damit verbundene freie Zeit auf der Exkursion?

7. Ablauf

Sehr zufrieden □ zufrieden □ egal □ weniger zufrieden □ nicht zufrieden □

8. Exkursionsleitung
   a. Erklärungsvermögen

Sehr gut □ gut □ befriedigend □ weniger gut □ nicht gut □

   b. Vorbereitung

Sehr gut □ gut □ befriedigend □ weniger gut □ nicht gut □

   c. Motivation

Sehr gut □ gut □ befriedigend □ weniger gut □ nicht gut □

9. Gesamteinschätzung (Verbesserungsvorschläge, Lob, Kritik)

B - Arbeitsaufträge zum „Kreativkai“ in Münster (Erster Entwurf)

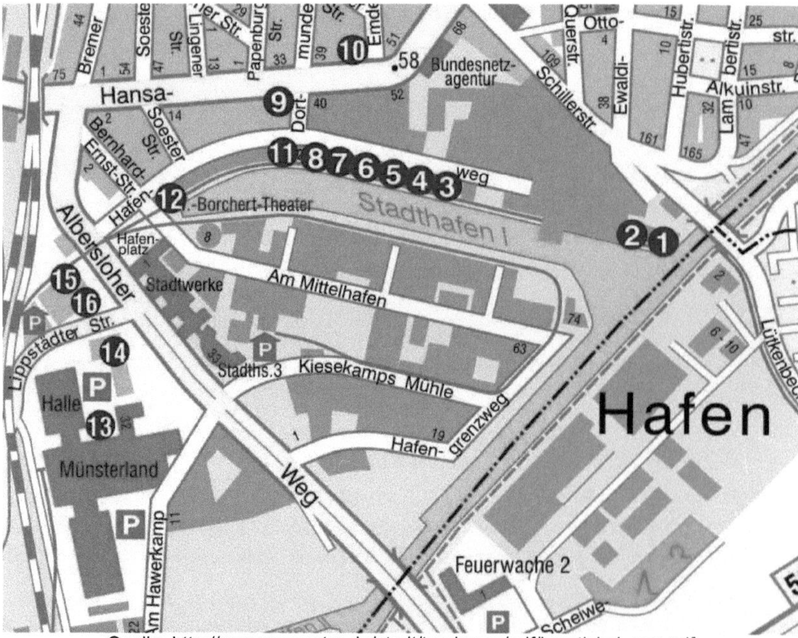

Quelle: http://www.muenster.de/stadt/tourismus/pdf/kreativkai_neu.pdf

1. Finde heraus, welche Funktionen sich hinter den Nummern verbergen. Achte auf die Nutzung in allen Stockwerken.
2. Gibt es Hinweise darauf, wie der „Kreativkai“ früher ausgesehen haben könnte?
3. Warum heißt der Kreativkai so?

C - Arbeitsaufträge zum „Kreativkai“ in Münster (Überarbeitete Version)

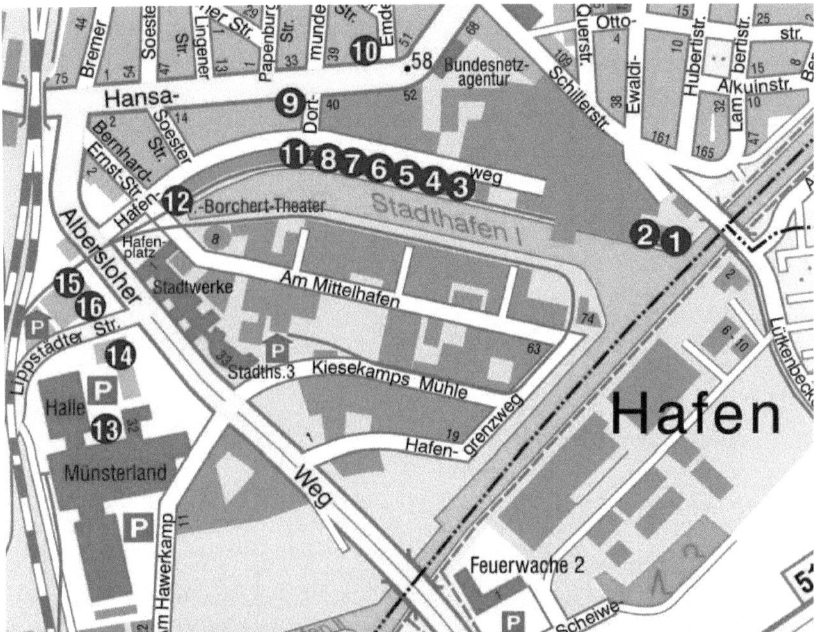

Quelle: http://www.muenster.de/stadt/tourismus/pdf/kreativkai_neu.pdf

1. Finde heraus, welche Funktionen sich hinter den Nummern verbergen. Achte auf die Nutzung in allen Stockwerken.
2. Gibt es Hinweise darauf, wie der „Kreativkai“ früher ausgesehen haben könnte und welche Funktion dieser hatte.
3. Bilde dir ein eigenes Urteil: „Wie kreativ ist der Kai?“

D - Arbeitsaufträge zum Lincoln-Quartier (Erster Entwurf)

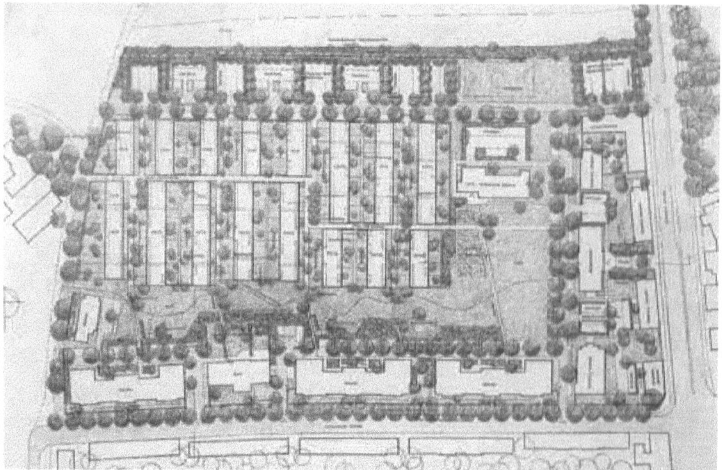

Quelle: http://www.sozialestadt.de/praxisdatenbank/suche/ausgabe.php?id=65&#0

1. Stelle fest, welche Gebäude welche Funktionen haben. Trage dieses auf der Karte ein.
2. Findest du Hinweise zur historischen Entwicklung des Lincoln-Quartiers?
3. Befrage Passanten und Anwohner, welchen Bezug sie zum Lincoln-Quartier haben?
4. Schließe die Augen. Was fällt dir auf?

E - Arbeitsaufträge zum Lincoln-Quartier (Überarbeitete Version)

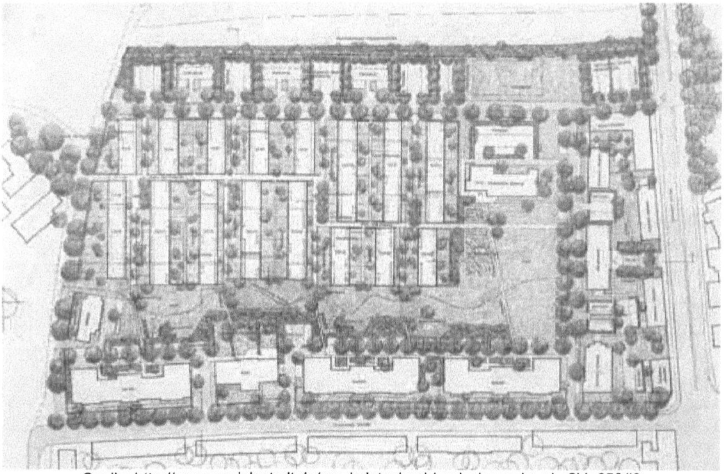

Quelle: http://www.sozialestadt.de/praxisdatenbank/suche/ausgabe.php?id=65&#0

1. Stelle fest, welche Gebäude welche Funktionen haben. Trage dieses auf der Karte ein.
2. Befrage Passanten und Anwohner zum Lincoln-Quartier!
   d. Welche sozialen Schichten wohnen im Lincoln-Quartier?
   e. Gibt es einen hohen Ausländeranteil?
   f. Was schätzen Sie als Anwohner am Lincoln-Quartier?
3. Schließe die Augen. Was fällt dir auf?